TRAITEMENT

DES

TUMEURS ÉPITHÉLIALES

PAR LE CAUSTIQUE ARSÉNICAL

PAR

J. F. A. Aymard GARÈS

DOCTEUR EN MÉDECINE DE LA FACULTÉ DE PARIS

PARIS

ALPHONSE DERENNE

52, Boulevard Saint-Michel, 52

1882

TRAITEMENT

DES

TUMEURS ÉPITHÉLIALES

PAR LE CAUSTIQUE ARSÉNICAL

PAR

J. F. A. Aymard GARÈS

DOCTEUR EN MÉDECINE DE LA FACULTÉ DE PARIS

PARIS

ALPHONSE DERENNE

52, Boulevard Saint-Michel, 52

1882

A MON PÈRE

ET

A MA MÈRE

Faible témoignage d'affection et de reconnaissance.

A MON BON ET CHER FRÈRE

A MES PARENTS

A MES AMIS

A MES MAITRES

DES HOPITAUX DE BORDEAUX ET DE PARIS

TRAITEMENT

DES

TUMEURS ÉPITHÉLIALES

PAR LE CAUSTIQUE ARSÉNICAL

En suivant le service de M. le professeur Laboulbène, notre attention a été vivement attirée par plusieurs cas d'épithélioma de la face traités avec le plus grand succès par la pâte arsénicale de Rousselot, modifiée par M. Manec. Aussi nous avons résolu d'en faire le sujet de ce travail.

Qu'il nous soit permis ici, avant d'entrer en matière, de témoigner publiquement à M. le professeur Laboulbène, toute notre reconnaissance pour les savantes leçons qu'il nous a toujours prodiguées avec la plus grande sollicitude, et de le remercier en même temps de son empressement à nous fournir les observations qui vont faire partie de ce travail.

CHAPITRE Ier

Notre intention est de montrer les avantages que l'on retire en traitant certaines tumeurs de la face par les préparations arsénicales. Nous consacrerons quelques lignes à l'historique des tumeurs qui peuvent se développer sur cette région en insistant seulement sur celles qui sont justiciables de l'arsenic et de ses composés. Nous dirons cependant quelques mots sur les procédés employés avant l'arsenic.

Des tumeurs de toute nature peuvent se développer à la face ; quelques-unes ne s'y rencontrent pas plus fréquemment que sur les autres parties du corps, et il serait oiseux d'en faire la nomenclature.

Nous ne parlerons ici que des tumeurs qui font de la face leur siège de prédilection, telles que les tumeurs érectiles, les tumeurs fongueuses, le cancer épithélial, qui du point où ils prennent naissance, nez, orbite, joues, gagnent les parties voisines dans une plus ou moins grande étendue. Quand ces tumeurs s'ulcèrent, ce qui arrive fréquemment, leur aspect est repoussant, elles entraînent la mort par cachexie et quelquefois par des hémorrhagies capillaires constamment répétées.

Nous laisserons de côté les tumeurs érectiles qui sont en général faciles à reconnaître et dont la thérapeutique appartient au domaine de la médecine opératoire.

CHAPITRE II

Dans une première période qui commence avec Hippocrate, le feu, sous ses diverses formes, régna sans conteste.
Le fer rouge était le remède suprême, lorsqu'il échouait, le
malade était déclaré incurable. On connaît l'aphorisme cé-
lèbre :

*Quæ medicamenta non sanant, ea ferrum sanat ; quæ
ferrum non sanat, ea ignis sanat ; quæ vero ignis non sanat, ea insanabilia reputare oportet.*

On trouve dans les ouvrages d'Arétée, de Celse, d'Ætius,
de Paul d'Égine, des préceptes fort sages sur l'emploi du
cautère actuel.

Les Arabes et les Arabistes allèrent plus loin et pous-
sèrent jusqu'à l'abus l'usage du feu comme moyen thérapeutique. Ils cautérisaient dans l'empyème, ils enfonçaient
un fer rouge dans les abcès du foie, dans le bas-ventre des
hydropiques, ils ouvraient la vessie avec un scalpel rougi
au feu pour l'extraction de la pierre ; ils ont osé consumer
par le feu les polypes des narines, ils brûlaient les téguments dans les hernies, ils traitaient par le fer rouge les
fistules à l'anus, les varices, les tubercules, les ulcères rongeants de la verge ; ils corrigeaient l'union contre nature
des narines, des doigts, des lèvres, du vagin à l'aide du
feu, ils brûlaient le frein de la langue trop long ; en un
mot, ils préféraient dans tous ces cas un remède cruel et

inepte à l'usage facile et doux de l'instrument tranchant (1).

Une réaction se produisit, elle fut lente d'abord, mais plus tard le revivement fut complet. Plusieurs causes y contribuèrent ; Louis les résume dans un mémoire (2).

D'après lui, la découverte de la circulation du sang, et la connaissance plus approfondie de l'anatomie, firent abandonner l'usage du cautère actuel ; on le remplaça par l'instrument tranchant, et on ne se servait que des cautères potentiels dans les cas où on ne pouvait employer ce dernier.

Les progrès de la chimie, dit-il, qui a multiplié les caustiques, ont peut-être contribué à l'omission de la pratique de cautériser avec le cautère actuel.

La mode était aux caustiques, les progrès de la chimie, la découverte de la circulation du sang, l'arrêt facile des hémorrhagies pendant les opérations au moyen de la ligature des artères (*Ambroise Paré*), avaient contribué à faire abandonner l'usage de la cautérisation actuelle, (que l'on laissait à ceux qui s'occupent du traitement des animaux).

Quelques années plus tard il ne s'agissait plus que de déterminer les meilleurs procédés à mettre en usage. Le savant mémoire de Percy (*Pyrotechnie chirurgicale pratique*, ou l'art d'appliquer le feu en chirurgie, Metz 1794), qui fut classé le premier, marque en effet le début d'une troisième et dernière période.

La cautérisation potentielle était étudiée avec un soin et une ardeur égales, les recherches de Mialhe, de Ferrand,

1. *Mémoire sur l'emploi du cautère actuel*, par un Anonyme, prix de l'Académie de chirurgie, édit. de 1819, t. III, p. 330.

2. Louis, Prix de l'Académie de chirurgie, t. III, p. 284, édit. de 1819.

de Philipeaux sur l'action des divers caustiques, faisaient entrer ce procédé dans une voie véritablement scientifique.

Enfin un nouveau mode de cautérisation était inventé : la galvano-caustie (1), et la cautérisation électro-chimique (répandue par M. Ciniselli de Crémone) 1860.

Enfin le galvano-cautère, très employé aujourd'hui, mais dont il faudrait déterminer la véritable valeur et les indications réelles. Ce n'est pas à nous qu'appartient ce soin. Nous avons seulement cité pour mémoire l'histoire des thérapeutiques qui ont été en honneur chez nos devanciers pour le traitement des tumeurs et surtout des tumeurs cancéreuses.

Nous n'insistons ici que sur l'emploi des caustiques, et nous essaierons de notre mieux de faire ressortir les avantages qu'ils présentent sur le cautère actuel et sur l'instrument tranchant.

1. Middeldorpf, Breslau, 1854.

CHAPITRE III

TUMEURS ÉPITHÉLIALES

Il nous suffira pour cela de rechercher quelle est la structure anatomo-pathologique du cancer ou plutôt du cancer épithélial, car c'est lui qui fait le sujet de notre étude, de voir quel est son siège de prédilection, et de bien étudier sa marche.

Nous verrons après les résultats qui ont été obtenus et au point de vue opératoire et au point de vue des récidives ; il nous sera dès lors facile de prouver les avantages d'une méthode sur l'autre, je veux dire des caustiques et plus particulièrement du caustique arsénical, sur l'instrument tranchant.

Dans les anciens ouvrages, le cancroïde est décrit sous le nom de *noli tangere*, chancre malin, ulcère chancreux, ulcère rongeant, cancer cutané, etc. Depuis 1844, on a plus particulièrement employé les noms suivants : cancer faux, cancer bâtard (Ecker), épithélioma (Hannover), épithéliome, cancroïde (Lebert), cancer épithélial.

Pour nous, comme pour beaucoup d'autres chirurgiens, le cancer épithélial ou cancroïde, est une manifestation de la diathèse cancéreuse.

Il peut atteindre à peu près tous les tissus, mais son siège de prédilection est la surface des téguments et particulièrement des téguments de la face. Au point de vue anatomo-pathologique, il est constitué par une tumeur qui se compose de deux parties : 1° une trame empruntée aux tissus de la région où il a pris naissance ; 2° des éléments cellulaires contenus dans les interstices de cette trame. Cette texture le rapproche de l'encéphaloïde et du squirrhe, il en diffère en ce que dans ces derniers cancers la substance contenue dans les alvéoles est crémeuse, tandis qu'elle est grumeleuse dans le cancroïde.

Curabilité. — Si l'on établit un parallèle entre le carcinome et le cancroïde, on voit, d'après les auteurs qui ont étudié cette question que la curabilité du carcinome est tellement rare que quelques auteurs l'ont même niée.

Au contraire, dans le cancroïde, la curabilité par opération est assez fréquente.

ANATOMIE PATHOLOGIQUE

Cancroïde confirmé ou adulte. — La tumeur se présente rarement sous forme d'une petite masse bien circonscrite ; c'est plutôt une tuméfaction diffuse ou une ulcération à base indurée qui souvent s'étend beaucoup plus en largeur que dans les couches profondes. Sa consistance est ferme, élastique et comme fibreuse.

A l'extérieur, le produit morbide offre ordinairement une couleur rouge sombre due au développement des capillaires superficiels ; si l'un des points de la surface est ulcéré, on y trouve habituellement des éminences papilliform es qui, examinées au microscope, se montrent couvertes de lamelles épithéliales.

Ces éminences résultent quelquefois de l'hypertrophie des papilles de la région, mais le plus souvent, ce sont des productions nouvelles nées à la surface de l'ulcère cancroïde, et quand elles sont nombreuses et très développées elles font donner à la lésion le nom de *cancroïde papillaire*.

Les cancroïdes des téguments externes sont le plus souvent recouverts de croûtes brunes ou jaunâtres qui peuvent acquérir une épaisseur telle qu'on les a confondues avec de véritables cornes.

Les vaisseaux sont de la nature des capillaires, peu nombreux et de petit volume.

Un fait important de l'histoire du cancroïde c'est que les limites de la lésion ne sont ni régulières, ni bien tranchées ; çà et là, le tissu pathologique s'enfonce sous forme de traînées blanches ou jaunâtres et qui sont de la plus haute importance dans la question de récidive.

Si l'on jette un coup d'œil sur les limites du cancroïde, successivement sur les bords et dans les couches profondes, on voit que la peau qui environne le tissu morbide est altérée dans une certaine étendue : l'épiderme épaissi se détache facilement ; le derme est blanc opaque, friable, granuleux, infiltré d'éléments épithéliaux dans une zône parfois beaucoup plus étendue qu'on ne pouvait le croire tout d'abord. Cette diffusion du mal doit attirer l'attention du chirurgien qui doit explorer avec soin les environs de la tumeur, tenir compte de la vascularisation de ses bords, et surtout de cet état de l'épiderme dont nous avons parlé

plus haut et qui, nous le croyons, est très propre à fournir de bonnes indications. Du côté des couches profondes,
le cancroïde se propage de préférence dans le tissu cellulaire, et c'est ainsi à la faveur des traînées celluleuses que
se font ces prolongements qui s'irradient au loin, entre les
faisceaux musculaires ou bien le long des vaisseaux et des
nerfs de la région.

Ces lésions du tissu cellulaire offrent une importance
capitale, l'opérateur doit les connaître ; et s'il est vrai que
le cancroïde reparaît le plus souvent parce qu'il a été incom-
plètement enlevé, peut-être sera-t-il possible de restreindre
les chances de récidives en ayant égard à la direction dans
laquelle se fait l'extension du mal. Le cancroïde peut aussi
envahir de proche en proche tous les autres tissus, mus-
cles, os, aponévroses etc. On a pu voir des artères détrui-
tes et des hémorrhagies sérieuses survenues, mais elles sont
très rares. Quant à l'infection ganglionnaire elle n'est pas
très fréquente car on voit des malades qui portent des cancroïdes depuis vingt ou trente ans sans que le système lym-
phatique soit envahi.

L'infection générale est excessivement rare, c'est là un
caractère qui suffirait à lui seul pour faire du cancroïde
une affection spéciale ; et lorsque des tumeurs secondaires
se développent dans les organes internes elles ont une
structure analogue à celle des cancroïdes cutanés et mu-
queux, et elles occupent de préférence les poumons, le
foie, les plèvres, les os, le cœur. Mais il ne faudrait pas
conclure à une infection générale lorsqu'on trouve des cancroïdes multiples développés à la fois sur plusieurs points
du tégument externe.

CHAPITRE IV

Le cancroïde ou tumeur épithéliale débute sous des formes variables, insidieuses, et dont l'étude a de l'importance ; car il serait à désirer qu'on pût en reconnaître la nature au moment même de son apparition.

A. — Souvent ce sont des amas de papilles hypertrophiées reposant ou non sur une base unique et englobées dans une gaîne épidermique ; ou bien des granulations groupées au nombre de cinq ou six, grosses comme des grains de millet faisant à la surface de la peau une saillie hémisphérique. On les a appelées tumeurs papillaires, ce nom rappelle l'origine de la lésion.

La couleur de ces petites productions est grisâtre ou rosée, et l'on distingue souvent dans leur voisinage des stries dont la teinte est plus vive, et qui sont formées par des capillaires dilatés.

B. — D'autres fois on observe, dès l'origine, une petite squame épidermique dont les bords sont nettement délimités ou confondus insensiblement avec l'épiderme des parties voisines, Souvent on ne remarque aucune saillie, il y a même quelquefois comme une petite excavation. La surface en est tantôt molle et inégale, tantôt unie, sèche fendillée et d'un aspect nacré.

C. — Enfin le cancroïde débute quelquefois par un tubercule grisâtre ou rosé dont le volume varie depuis la grosseur d'un grain de froment jusqu'à celle d'une petite noisette.

Cette production fait ordinairement à la surface cutanée une saillie hémisphérique ou inégale et comme lobulée quelquefois déprimée à son centre ; rarement elle est pédiculée. Presque toujours on trouve à sa surface une pellicule au-dessous de laquelle est une surface à peu près unie.

Quand elle a pour point de départ les glandes sudoripares, la lésion présente souvent une certaine largeur, parce qu'elle occupe un assez grand nombre de ces glandes. Dans ce cas, la surface malade est ordinairement limitée par un bourrelet épais, ondulé et sinueux de couleur rougeâtre.

Quelquefois, peu de temps après son apparition, la lésion offre l'aspect d'une fissure grisâtre ou pointillée de rouge dont les bords coupés à pic et indurés n'ont aucune tendance à la cicatrisation.

Cette ulcération se rencontre le plus souvent au voisinage des orifices naturels ou les tissus sont exposés à des alternatives continuelles de resserrement et de distension, c'est aux lèvres et à la langue que cette variété se rencontre le plus souvent.

Presque toujours le cancroïde est unique, quelquefois cependant on trouve des sujets qui portent deux ou plusieurs de ces productions parfaitement distinctes.

Tout d'abord l'affection ne révèle sa présence que par de petits picotements et un léger prurit, souvent le chirurgien n'est pas consulté.

La lésion peut rester stationnaire pendant plusieurs années ; mais il arrive un moment où une ulcération superficielle s'établit. Cette surface ulcérée laisse écouler une faible quantité d'une humeur claire, citrine, qui se concrète à la surface et donne lieu à la production de croûtes inégales de couleur jaunâtre ou grisâtre quelquefois même presque noire, quand une petite quantité de sang s'y est mêlée. Ces croûtes produisent des démangeaisons et sont souvent arrachées par le malade, mais elles se reproduisent, et l'ulcération fait de nouveaux progrès.

La surface ulcérée a des dimensions qui peuvent aller depuis 1 ou 2 centimètres jusqu'à 10 ou 12, quelquefois plus. Le fond de cet ulcère est taillé de la façon la plus irrégulière ; en quelques points, ce sont des excavations profondes ; ailleurs, des bourgeons charnus exubérants, saignant au moindre contact, qui dépassent le niveau des parties saines voisines. Cette surface est tantôt rouge et violacée ; tantôt grisâtre, pointillée de rouge, ou couverte d'un enduit pulpeux ; elle sécrète un liquide sanieux, d'une odeur fétide. Dans les espèces de cavernes dont est creusée l'ulcère il n'est pas rare de remarquer une matière blanchâtre, caséeuse, composée de grumeaux, et constituée par un détritus d'éléments épithéliaux qu'on enlève avec facilité.

Les bords sont le plus souvent indurés, et la peau avoisinante est marquée de stries vasculaires qui peuvent s'étendre au loin.

A mesure que le travail marche, au lieu d'une tumeur mobile, on sent une masse empâtée et diffuse qui se confond avec les régions voisines. L'ulcère peut même comme nous l'avons mentionné plus haut, attaquer le tissu osseux.

Ce travail de destruction ne s'accompagne pas toujours de douleurs très vives.

Quelquefois les malades éprouvent seulement un prurit et de loin en loin quelques élancements, d'autres malades au contraires sont en proie à d'horribles souffrances.

L'ulcère cancroïde n'a pas toujours les mêmes caractères; tantôt il y a formation de bourgeons charnus exubérants et papillaires qui peuvent dans leur développement dépasser le niveau des parties saines voisines ; c'est la forme végétante. D'autres fois, l'ulcère se creuse profondément et devient anfractueux, ce qui constitue la forme rongeante de l'affection.

Marche. — Le cancroïde ou tumeur épithéliale progresse en général avec une extrême lenteur ; Boyer a vu un bouton ne s'ulcérer qu'après vingt-sept ans. Cependant tous les cancroïdes n'atteighent pas un temps aussi long avant de s'ulcérer, et le cas observé par Boyer est relativement assez rare, quelquefois même le cancer épithélial peut suivre une marche très rapide.

Quelquefois aussi, après avoir progressé très lentement, il prend tout à coup un grand accroissement et on en trouve presque toujours la cause dans une irritation mécanique portée sur la partie malade. Les irritations locales ont en effet sur la marche de cette affection une influence remarquable et c'est pour cela que les anciens chirurgiens donnèrent à cette espèce de cancer le non de *noli tangere*.

On peut dire aussi que le cancroïde des muqueuses et orifices progresse beaucoup plus rapidement et est plus grave que celui du tégument externe.

A une époque variable de son évolution il s'accompagne d'engorgement ganglionnaire et de cachexie.

Nous parlerons plus loin de ces deux complications lorsque nous traiterons de l'opportunité de l'intervention chirurgicale, ou de l'application du caustique arsénical.

L'engorgement ganglionnaire est la moins grave des deux conséquences ultimes du cancer épithélial, il ne survient du reste en général qu'au bout d'un temps assez long ; on a observé que les cancroïdes des lèvres et de la langue se produisaient plus rapidement et plus sûrement que ceux du tronc et des membres. Les glandes engorgées ont au début une consistance ferme, plus tard elles se ramollissent, deviennent adhérentes à la peau et s'ulcèrent.

La cachexie se montre comme dans les autres cancers et n'offre rien de spécial. Les tumeurs secondaires se développent très rarement dans les organes internes et si elles se produisent, elles hâtent la terminaison fatale.

La mort est la terminaison naturelle de cette affection, et elle est le plus souvent hâtée par des troubles spéciaux dépendant du siège de la tumeur.

Si la lèvre inférieure est détruite dans une grande étendue, l'écoulement continuel de la salive au dehors peut amener un affaiblissement dont les conséquences sont rapidement funestes. Voici d'ailleurs une observation à l'appui de notre dire.

OBSERVATION 1

B.. est un homme âgé de 58 ans, il est couché au n° 27 de la salle

Saint-Michel à l'hôpital de la Charité, dans le service de M. le professeur Laboulbène.

Cet homme porte depuis plus de dix ans une énorme tumeur qui a débuté par la lèvre inférieure et qui maintenant a envahi la joue gauche presque tout entière ; cette tumeur est irrégulière, bosselée, recouverte de croûtes, elle saigne dès qu'une de ces croûtes vient à tomber ; elle laisse écouler presque continuellement un liquide séro-sanguinolent, et elle gêne considérablement le malade et par sa mauvaise odeur et par l'obstacle qu'elle apporte aux mouvements de déglutition. Du reste les ganglions cervicaux sont pris. Une salivation abondante existe depuis plusieurs mois, et cet homme se trouve dans un état cachectique profond. De plus, il éprouve des douleurs atroces qui le laissent sans repos et qui interrompent constamment son sommeil.

Ce malade veut à tout prix qu'on intervienne, et M. Laboulbène, malgré toutes les contre-indications, n'écoutant que les sollicitations de cet homme, se décide à appliquer le caustique arsénical. Après quelques jours, une partie de la tumeur se dessèche et tombe, mais le malade s'affaiblit de jour en jour et finit par succomber.

Un cancroïde de l'œsophage peut faire périr d'inanition avant que la lésion soit encore bien avancée.

Quelquefois enfin, des *complications*, telles que l'érysipèle et les hémorrhagies peuvent tuer prématurément le malade.

Jusqu'à ces derniers temps, la guérison du cancroïde sans opération n'avait été observée que deux fois par Lebert et Velpeau.

Récemment on paraît en avoir guéri un certain nombre par l'emploi du chlorate de potasse et surtout par l'emploi du caustique arsénical, c'est là du reste ce que nous essaierons de prouver avec bon nombre d'observations à l'appui, nous reviendrons plus loin sur ces faits. La gangrène a été vue, mais elle est fort rare ; elle n'est pas totale et n'empêche pas la terminaison fatale.

Enfin une cicatrisation partielle peut se faire sur un ulcère cancroïde, mais elle n'est que temporaire, et le mal ne tarde pas à reprendre bientôt sa marche envahissante.

CHAPITRE V

Nous avons dit plus haut que la peau est le siège de prédilection du cancroïde. La face a elle seule l'emporte sur tous les autres points de l'économie, en effet M. Alfred Heurtaux dans son article cancroïde du Dictionnaire de Jaccoud, a recueilli 250 cas de cancroïde et sur ces 250 cas, il en a trouvé 190 pour la face et 60 pour tous les autres points du corps réunis. Voici, d'après le même auteur, quelles sont les régions les plus maltraitées : lèvres 85, joues 29, nez 22, cavité buccale 22, paupières 19, etc... Voici une observation personnelle d'un homme qui portait un cancroïde sur la joue.

OBSERVATION

R..., âgé de 67 ans, fort bien constitué et bien conservé pour son âge, a depuis son enfance, toujours eu une bonne santé.

Vers l'âge de 22 ans, il a été pris de pneumonie franche qui a très bien guéri, et jamais R... n'a eu depuis à se plaindre de troubles du côté des organes respiratoires, larynx, bronches ou poumon.

Actuellement cet homme est bien portant et doué d'une vigoureuse constitution.

Il est venu à l'hôpital de la Charité dans le service de M. le professeur Laboulbène, pour se faire débarrasser d'une tumeur qu'il porte au milieu de la joue gauche ; tumeur qui ne cause pas de douleur, mais incommode à cause du volume qu'elle a atteint depuis quelque temps.

En interrogeant R..., on apprend que le début de son mal re-
monte à 1866. A cette époque, il avait, dit-il, sur la joue, un petit
bouton de la grosseur d'une tête d'épingle, bouton qu'il écrasait quelquefois entre ses doigts et duquel s'échappait un peu de liquide blanchâtre.

Le malade n'y prenait aucune attention, et recommençait quelques
jours après lorsque ce petit bouton avait de nouveau augmenté de volume.

Cependant la petite tumeur s'est développée, d'abord assez rapidement et lorsque R... s'est aperçu qu'il n'avait plus affaire à ce
qu'il croyait une sorte de furoncle, il a cessé de toucher et d'irriter sa
tumeur. Celle-ci a, dès lors, progressé avec beaucoup de lenteur, car
elle a mis 15 ans pour attendre le volume qu'elle présente aujour-
d'hui, volume qui est celui d'une petite noix (trois centimètres environ de diamètre dans tous les sens). Cet homme nous apprend que
l'année dernière, pendant qu'il était dans un bain, il fut effrayé par
un jet de sang qui s'échappe brusquement de sa tumeur. Il appliqua
immédiatement sa joue au-dessous du robinet d'eau froide, et cette
eau fit cesser l'hémorrhagie, qu'il faut attribuer, croyons-nous. à la
rupture d'un vaisseau de petit calibre.

Enfin depuis 18 mois, l'état de cette tumeur s'est beaucoup modi-
fié. R... remarque que le volume augmente et qu'elle laisse écouler
un liquide séro-sanguinolent. Parfois même, dit-il, il se formait de
véritables foyers purulents recouverts pendant quelques jours par une
croûte qui, en tombant, permettait au pus de s'écouler. Ce pus était
doué d'une odeur fétide et incommodait beaucoup le malade.

C'est alors qu'il vient à la consultation, et qu'après avoir avivé la
surface de la tumeur avec de l'ammoniaque, M. Laboulbène lui fait
une application de la pâte arsénicale de la grandeur d'une pièce de
50 centimes en argent. Cette médication n'empêche pas cet homme
d'aller à ses occupations journalières. Il vient tous les trois jours, à
la visite du matin, et au bout de huit jours on remarque que sa tumeur se dessèche, et commence à se décoller vers sa base.

Il ne se plaint du reste que de quelques élancements pendant la nuit, mais ce ne sont pas des douleurs empêchant le sommeil, et lui arrachant des plaintes.

Enfin après six semaines, en faisant un mouvement, le malade détermine la chute de sa tumeur à la place de laquelle il y a une plaie de 4 centimètres de diamètre. Cette plaie pansée avec de la pommade phéniquée, met 15 jours à se cicatriser.

Anjourd'hui cette partie de la joue est absolument symétrique à celle du côté opposé ; elle est recouverte de poils et ne laisse apercevoir qu'une cicatrice linéaire de 2 centimètres de longueur. La guérison est parfaite, les poils ont repoussé et recouvrent la place cicatricielle qu'il faut chercher pour la découvrir.

Les lèvres sont souvent atteintes et surtout la lèvre inférieure ; aux paupières, il y a également prédominance en faveur de la paupière inférieure, sans qu'on puisse s'expliquer cette prédilection.

On l'a encore rencontré à la face dorsale de la main et des doigts, au talon, au prépuce, à la vulve. Il existe en Angleterre le cancer des ramoneurs qui n'est autre chose qu'un cancroïde du scrotum.

Cette affection paraît très-rare en France.

Le cancer épithélial qu'on observe surtout au visage est décrit dans les anciens auteurs sous les noms de *Noli me tangere, ulcère chancreux, chancre malin.*

Ces auteurs, bons observateurs, avaient reconnu qu'il différait cliniquement du squirrhe, avant que les monographes eussent établi la différence de structure de ces deux formes de cancer.

Age. — C'est de 40 à 60 ans qu'on en trouve le plus grand nombre, et il est beaucoup plus commun chez l'homme que chez la femme, dans la proportion de 3 à 1 environ.

C'est dans les classes pauvres, chez les habitants des

campagnes et chez les gens qui négligent les soins de propreté que le cancer épithélial se montre de préférence.

Quelques auteurs, Roux, Bouisson et d'autres chirurgiens ont voulu trouver la cause du cancroïde de la lèvre inférieure chez l'homme dans l'habitude de fumer et particulièrement dans l'usage du brûle gueule, mais on peut leur objecter qu'on a rencontré ce cancroïde chez des hommes qui ne faisaient point usage de tabac.

Il apparaît indistinctement sous la forme d'un bouton, d'un dépôt squameux, d'une induration, d'une fissure et arrive lentement surtout sous l'influence existante d'attouchements répétés à s'étendre et à s'ulcérer.

Lorsque les tumeurs épithéliales demeurent stationnaires, que leur développement est en quelque sorte arrêté, lorsque l'individu qui les porte n'en est point incommodé et surtout qu'elles ne sont pour lui le siège d'aucune douleur, il faut, lorsqu'elles sont d'un petit volume, rester devant elles dans une expectation attentive, en ayant grand soin de ne pas y toucher, et de ne pas les irriter par la moindre excitation mécanique.

Mais dans la grande majorité des cas, il convient de les enlever par les caustiques ou par le bistouri et cela complètement, et de façon à ne pas en conserver la moindre partie.

Nous dirons quelques mots dans ce travail de l'intervention chirurgicale comme traitement de ces tumeurs ; et nous insisterons sur l'avantage que présente l'emploi des caustiques arsénicaux.

CHAPITRE VI

Au début, l'épithélioma peut être confondu avec quelques autres maladies comme certains ulcères scrofuleux ou syphilitiques, des noyaux du lupus, la kéloïde, de simples verrues, des plaies irritées et des kystes sébacés ouverts à l'extérieur ; mais c'est surtout avec le cancer qu'il est plus facile de le confondre.

Les ulcérations scrofuleuses chez les enfants sont superficielles, sans noyau induré sous-jacent, presque toujours multiples, et rarement placées dans les endroits qu'affecte de préférence l'épithéliome. Certains ulcères syphilitiques et en particulier le chancre induré, peuvent plus facilement être confondus avec l'épithéliome, car comme lui ils se rencontrent à la verge, aux parties génitales externes des femmes, aux lèvres, etc.

La confusion est d'autant plus facile qu'on constate encore dans l'épithéliome comme dans le chancre, une altération superficielle, sécrétant peu, recouverte de croûtes purulentes desséchées, reposant sur une base dure et s'accompagnant presque toujours d'un ou de plusieurs ganglions engorgés.

La distinction de ces deux lésions est souvent assez difficile, et l'on a vu enlever comme cancroïde un chancre induré du prépuce ou de la lèvre. Cependant il y a dans l'élasticité des deux tissus morbides une différence radicale ; il suffira d'avoir bien constaté une seule fois la résistance élastique du chancre induré pour ne plus la confondre avec celle de l'épithélioma.

On doit aussi trouver dans le développement rapide de l'induration, dans la prompte apparition d'un ganglion dur, dans la coexistence fréquente d'autres accidents syphilitiques, dans l'essai d'un traitement spécifique, des renseignements précieux pour établir le diagnostic.

Les ulcérations tertiaires qui ont succédé à des gommes ramollies peuvent encore donner lieu à des erreurs de diagnostic ; mais on trouve dans le peu d'induration des bords, dans le développement d'autres accidents spécifiques, enfin dans l'action rapidement curative de l'iodure de potassium, des moyens de les éviter.

La forme, la multiplicité, la mollesse et la coloration des noyaux indurés du lupus ne permettent guère de confondre cette maladie propre aux jeunes sujets avec l'épithélioma.

Il en est de même pour la kéloïde, tumeur qui naît presque toujours sur une cicatrice, et qui, par l'état de sa surface et la lenteur de son ulcération, ne peut être prise pour la maladie que nous étudions.

Les kystes sébacés ouverts à l'extérieur et dont les produits sont desséchés ressemblent davantage à un épithélioma ulcéré et couvert de croûtes ; mais on puisera, pour ce diagnostic différentiel, quelques renseignements dans la connaissance de l'état antérieur. On sait en effet, que dans le cas de kystes sébacés il existe d'abord une tumeur arrondie, lisse, qui au bout de quelques temps s'est perforée et a donné naissance à ce qu'on observe maintenant.

Quant aux verrues, elles ressemblent quelquefois complètement à un épithélioma à son début, et c'est par l'observation ultérieure et la marche de la maladie qu'on pourra seulement établir des différences.

Certaines plaies entretenues par des corps étrangers ont souvent pris le caractère d'un cancroïde ulcéré. Ainsi on a vu un fragment pointu de dent irriter le bord de la langue, et y développer une plaie fougueuse qu'on eût pu prendre pour une ulcération épithéliale : il n'en était rien, car l'extraction de la dent a suffi pour guérir cette plaie de mauvais aspect.

On peut confirmer le diagnostic par l'examen micrográphique ; car dans le plus grand nombre des cas, il est possible d'enlever sans danger un petit fragment de la surface malade et de la soumettre au microscope. Or, on ne confondra pas les cellules larges, aplaties, munies d'un petit noyau, qu'on rencontre dans l'épithélioma, avec les cellules à gros noyau du cancer, ni avec les cellules fusiformes des tumeurs fibro-plastiques.

CHAPITRE VII

Le cancroïde est une affection sérieuse par sa tendance à infecter les glandes lymphatiques et à produire la cachexie ; cependant c'est l'une des formes les moins graves des manifestations cancéreuses puisqu'elle peut exister pendant de nombreuses années sans porter atteinte à la santé générale, et que sa distraction, soit par des moyens chirurgicaux, soit par des caustiques est assez souvent suivie d'une guérison complète et définitive.

Il est presque inutile de faire remarquer que l'existence d'un engorgement ganglionnaire et surtout un commencement de cachexie sont des circonstances extrêmement fâcheuses.

Il n'est pas facile de dire quelle est la proportion des récidives chez les malades qui ont été opérés, car souvent de longues années s'écoulent et il n'est pas toujours possible de suivre les malades pendant un si long temps. Cependant d'après les cas observés par M. Alfred Heurtaux sur 242 cas, il est question de récidive 52 fois; 34 fois la reproduction s'est faite sur place ; chez six malades elle a eu lieu dans les ganglions correspondants ; chez quatre à la fois sur place et dans les ganglions lymphatiques, trois fois la récidive a eu lieu à quelque distance.

Il ressort de cette statistique que la récidive est locale

et que le cancer épitthélial est une affection localement maligne. Le plus souvent il faut regarder la repullulation
comme due à ce que l'opération n'a pas détruit tout le
produit morbide ; il s'agit donc alors, non d'une véritable
récidive mais d'une simple continuation de la maladie.

Les régions les plus maltraitées sous le rapport des récidives sont la langue et la lèvre inférieure. Tant que la récidive se fait sur place, elle ne présente pas, à part quelques exceptions, une plus grande gravité que la lésion primitive ; pourtant *Velpeau* a remarqué que certaines récidives sont remarquables par les vives douleurs qui les ac-
compagnent. Quant à l'époque à laquelle la récidive se
montre, elle est très variable ; ordinairement, c'est l'année qui suit l'opération, mais quelquefois c'est seulement
après six ou huit ans.

CHAPITRE VIII

TRAITEMENT

Le praticien peut, dans certains cas, rares à la vérité, donner quelques conseils prophylactiques de l'épithélioma. Le plus important de ces conseils, c'est d'éviter les attouchements réitérés, les applications irritantes sur ces boutons du visage qu'on suppose pouvoir devenir un jour le siège de l'épithélioma. On doit aussi conseiller aux fumeurs de ne pas se servir de pipes à tuyau très court, et leur montrer les accidents auxquels les expose l'usage continu de cette pratique. Le traitement curatif de l'épithélioma ne dispose que de deux méthodes : l'ablation par le bistouri ou la ligature, et la destruction par les caustiques. Quel que soit le moyen mis en usage, il faut se rappeler que les ablations ou les destructions partielles ne font qu'exciter le mal et favorisent le développement du produit morbide. Deux grands chirurgiens du siècle dernier, Richter et Ledran, ont déjà très nettement insisté sur ce précepte. Ainsi le chirurgien allemand établit d'abord que beaucoup d'ulcères des lèvres et de la peau qui au commencement sont tout-à-fait bénins, ne prennent un mauvais caractère que par l'usage inconsidéré des caustiques.

Il ajoute que le chirurgien doit avoir en vue par dessus tout d'enlever la totalité des parties malades ; car, selon lui, la plupart des récidives doivent être bien plus attribuées à l'omission de cette règle qu'à l'incurabilité de la maladie. Ledran (1) est aussi explicite, et, d'après lui, le caustique ne peut convenir que si la tumeur est petite. Ce chirurgien prétend même qu'on ne doit faire qu'une seule application du caustique, car autrement, dit-il, il ne sert qu'à irriter et à faire progresser le cancroïde.

·Observation III.·

Mademoiselle Marie B., âgée de 48 ans porte depuis très longtemps à la partie supérieure du nez, presque entre les yeux une tumeur verruqueuse, papilliforme, saignant facilement ; cette tumeur a l'aspect d'une verrue framboisée. elle a le volume d'une forte groseille. Plusieurs empiriques ont tour à tour traité cette tumeur sans résultat satisfaisant. Au contraire, très peu saillante d'abord, à peine grosse comme une lentille, elle s'est beaucoup accrue depuis quelques mois par suite de divers traitements (Application de diverses eaux, broiement avec une pince, section avec des ciseaux, qui avait occasionné une perte de sang assez considérable).

M. Laboulbène applique le caustique arsénical, tout se passe normalement, au bout de quatre semaines la tumeur tombe, la cicatrice est même plus petite qu'on n'avait osé l'espérer.

La guérison a été complète.

Nous verrons un peu plus loin, d'après les travaux récents de M. Manec, que le caustique peut être appliqué une seconde et même une troisième fois à la condition qu'on laisse plusieurs jours d'intervalle entre chaque application. Parmi les principaux caustiques employés on accorde en

---

1. Ledran. Mémoire avec un précis de plusieurs observations sur le cancer (*Mémoires de l'Académie de chirurgie*. t. III. p. 1).

général la préférence au caustique au chlorure de zinc, aux préparations arsénicales et au caustique sulfo-safranique de Velpeau. Quant au fer rouge dont Sédillot a vanté récemment l'emploi, nous pensons qu'il n'a pas d'avantages, que les cicatrices fibreuses auxquelles il donne naissance ne sont point un rempart contre les récidives, enfin qu'il est d'une application peu commode.

L'extirpation de l'épithélioma par le bistouri est une bonne méthode opératoire, mais à la condition de s'écarter le plus possible du siège du mal. Or il est facile de comprendre combien il est difficile d'aller poursuivre les traînées épithéliales qui partent de la tumeur pour s'enfoncer plus ou moins profondément dans les interstices musculaires ou le long des vaisseaux. On ne peut y arriver qu'en produisant de vastes plaies dont la cicatrisation sera difficile et très longue et qui laisseront des cicatrices et des difformités qui pourront être une gêne considérable pour le malade. On a quelquefois combiné les deux méthodes. Ant. Dubois cautérisait assez souvent par un caustique arsénical la plaie qui résultait de l'extirpation d'un épithélioma par le bistouri.

Observation IV

Une femme de 65 ans est entrée à la Salpêtrière dans le service de M. Manec pour une tumeur du sein adhérant à la peau non ulcérée. M. Manec voulant s'assurer de la puissance du caustique arsénical et de son action élective, l'emploie au lieu de l'instrument tranchant, se réservant de recourir à ce dernier, en cas d'insuccès.

La tumeur, dont j'ai vu le dessin, était allongée, longue d'environ 0,07 centimètres et large de 0,04 centimètres, elle était ovoïde, un peu étranglée au milieu. M. Manec applique la pâte arsénicale à la partie supérieure de la tumeur et attend. Il en avait recouvert une partie de la grandeur d'une pièce de deux francs.

En examinant les urines, on voit qu'elles sont rapidement arsénicales, et on constate même quelques troubles légers d'empoisonnement. La tumeur diminue de volume, et au bout !d'une quinzaine de jours elle se dessèche et se momifie en quelque sorte.

Au bout de ce temps, et quand les urines ne renferment plus d'arsenic, M. Manec fait une nouvelle application de caustique à la partie inférieure. La malade elle-même réclamait cette nouvelle application depuis quelques jours ; mais on ne l'a faite qu'après la disparition de l'arsenic.

Quelques semaines après se fait autour de la partie supérieure de la première application, une inflammation éliminatrice ; elle est à bords irréguliers comme n'aurait pas pu la circonscrire l'instrument tranchant. Le même phénomène se passe à la partie inférieure de la tumeur qui finit par tomber entièrement. Un pansement simple fait avec de la charpie et du cérat de Galien amena une prompte cicatrisation. La cicatrice est froncée. Finalement guérison.

La malade a été revue plusieurs années après et il n'y avait pas eu de récidive. Cette tumeur analysée était une tumeur fibro-plastique (sarcome fuso-cellulaire).

Quel que soit le mode opératoire qu'on emploie, il faut préalablement explorer avec soin les limites de la région malade. Ainsi on devra rechercher les saillies, les rougeurs du derme et les épaississements de la couche épidermique,

On examinera si l'épiderme se détache avec facilité de la peau sous-jacente ; on explorera les divers prolongements sous-cutanés de la tumeur que l'œil n'aperçoit pas mais que le doigt sent ; enfin on examinera surtout les espaces celluleux dans lesquels l'épithélioma suit en général une marche plus facile. Les récidives de l'épithélioma commandent l'opération au même titre que la tumeur primitive, car on a vu quelques-unes de ces tumeurs récidivées ne plus se montrer après deux ou trois opérations. Il est bien entendu que ces opérations secondaires ne seront pratiquées que dans les cas où la tumeur ne sera pas trop étendue, s'il n'existe pas d'engorgements ganglionnaires multiples, enfin si le malade n'est pas dans un état avancé de cachexie. On comprendra en effet qu'il est complètemeut inutile de pratiquer une opération sur un malade qui se trouve dans les conditions fâcheuses que nous venons d'énoncer ; ce serait une mutilation inutile et qui ne retarderait pas d'un jour sa fin prochaine. Après la guérison, il reste encore à donner au malade un conseil important, c'est d'éviter tout contact irritant sur la cicatrice de la plaie d'extirpation.

DEUXIÈME PARTIE

CAUSTIQUES EN GÉNÉRAL ET PRÉPARATIONS ARSÉNICALES

CHAPITRE PREMIER

HISTORIQUE

Nous n'entrerons pas dans de grands développements pour retracer l'histoire des différents caustiques qui entrent dans l'arsenal thérapeutique, nous ne ferons que les mentionner en disant un mot sur chacun d'eux.

On les divise en caustiques acides et caustiques alcalins. On emploie aussi quelques sels métalliques comme caustiques,

1° *Caustiques acides.* — Les caustiques acides les plus employés sont les acides sulfurique, azotique, chlorhydrique, chloro-azotique, arsénieux, chromique, acétique et phénique.

Ces acides minéraux sont des caustiques très puissants ; ils ont une action essentiellement pénétrante, et l'eschare qu'ils déterminent s'étend généralement à une surface plus grande que le point d'application.

L'acide sulfurique est rarement employé à l'état liquide.

Le plus souvent on a recours à l'emploi auxiliaire d'une matière végétale qui donne à l'agent caustique une certaine consistance et permet une application moins dangereuse et une limitation plus exacte de l'eschare. On se sert surtout du safran pour cet usage.

Velpeau a préparé ainsi un caustique qui porte son nom (caustique sulfo-safrané de Velpeau) ; et il s'est beaucoup loué de son emploi dans les affections cancéreuses et cancroïdes.

Mazérieux (1) dans sa dissertation sur l'emploi des caustiques nous dit quelques mots sur l'emploi des caustiques dans certaines maladies de la peau. Il rapporte que M. le Dʳ Récamier avait employé plusieurs fois et avec succès le nitrate de mercure liquide. Il dit qu'il a été témoin avec beaucoup de professeurs de cette école d'un cas où le col de l'utérus affecté d'une maladie organique, qui avait repullulé plusieurs fois, a été entièrement détruit par ce moyen. Il n'y a eu, dit-il, aucun accident consécutif.

Le même caustique a été employé fréquemment dans certains ulcères rebelles, dans les boutons chancreux du visage.

Il nous dit que comme traitement de la pustule maligne, on a employé avec succès, l'acide sulfurique, la dissolution nitrique d'argent, etc.

Le caustique sulfo-carbonique de Ricord n'est que le caustique sulfo-safrané de Velpeau dans lequel le safran est remplacé par la poudre de charbon. Le caustique sulfo-carbonique se conserve mieux que le caustique sulfo-sa-

---

1. Mazérieux. *Dissertation sur l'emploi des caustiques.* Thèse de Paris 1819.

frané. On a aussi employé comme caustiques : 1° l'acide azotique ou nitrique ; 2° l'acide chlorhydrique ; 3° l'acide chloro-azotique ; 4° l'acide chromique, etc. Mais celui qui a été et qui est aujourd'hui le plus employé est sans contredit *l'acide arsénieux.*

Acide arsénieux (ASO^3). — Cet acide, plus connu sous le nom d'*arsenic, oxyde blanc d'arsenic,* est un des plus anciens caustiques connus. Ce caustique puissant est employé principalement dans le traitement des ulcères cancéreux, surtout ceux du visage ; mais son emploi détermine quelquefois des accidents graves par suite d'absorption, aussi est-il important de ne s'en servir qu'avec prudence et réserve. L'acide arsénieux peut être employé sous forme de poudre, d'onguent, de pâte, que l'on applique sur les plaies résultant d'ablation de cancers, mais le plus souvent sur le tissu cancéreux lui-même.

Les poudres à base d'acide arsénieux, les plus employées dans ces dernières années, étaient les poudres de Rousselot, du frère Côme, de Dubois, de Dupuytren et du Codex de 1837.

Voici quelle était la composition de ces poudres, qui varient beaucoup par la proportion d'acide arsénieux qu'elles renferment :

1° *Poudre anticarcinomateuse du frère Côme.* — Acide arsénieux pulvérisé, 5 ; cinabre porphyrisé ou vermillon, 25 ; éponge calcinée en poudre fine, 10. La proportion d'acide arsénieux est de 1/8.

2° *Poudre arsénicale de Rousselot contre les cancers.* — Acide arsénieux pulvérisé, 1 ; sang de dragon pulvérisé,

8 ; cinabre porphyrisé, 8. La proportion d'acide arsénieux est de 1/7.

3° *Poudre arsénicale de Dubois.* — Acide arsénieux pulvérisé, 1 ; sang de dragon pulvérisé, 8 ; cinabre porphyrisé, 16. La proportion d'acide arsénieux est de 1/25.

4° *Poudre arsénicale mercurielle de Duputyren.* — Acide arsénieux pulvérisé, 1 ; calomel en poudre impalpable, 199. Employé contre les dartres rongeantes.

5° *Poudre arsénicale du codex de 1837.* — Acide arsénieux pulvérisé, 1 ; sang de dragon pulvérisé, 2 ; cinabre pulvérisé, 2. La proportion d'acide arsénieux est de 1/5.

Le codex de 1866, pour éviter les erreurs qui avaient souvent lieu dans la pratique avec les formules précédentes, a réduit ces différentes formules à deux principales : une *poudre arsénicale forte*, et une *poudre arsénicale faible*.

Voici la composition de ces poudres d'après le formulaire légal :

1° *Poudre escharotique arsénicale faible* (formule d'Antoine Dubois). — Acide arsénieux pulvérisé, 1 ; sulfure rouge de mercure pulvérisé, 16 ; sang de dragon pulvérisé, 8. Cette poudre contient un 1/25 de son poids d'acide arsénieux.

2° *Poudre escharotique arsénicale forte* (formule du frère Côme). — Acide arsénieux pulvérisé, 1 ; sulfure rouge de mercure pulvérisé, 5 ; éponge torréfiée pulvérisée, 2. Cette poudre contient 1/8 de son poids d'acide arsénieux.

Pour faire usage de ces poudres, en général, on les délaye dans un peu d'eau simple ou d'eau gommée jusqu'à consistance de bouillie, que l'on étend *légèrement* avec un pinceau sur les surfaces ulcérées.

Il existe encore quelques préparations arsénicales employées comme caustiques, telles sont :

Pommade cathérétique. — Acide arsénieux en poudre, 4 ; cinabre pulvérisé, 2 ; axonge, 32. On incorpore très exactement la poudre d'acide arsénieux et celle de cinabre dans l'axonge ; on opère le mélange dans un mortier de porcelaine.

Liniment arsenical de Swediaur. — Acide arsénieux porphyrisé, 1 : huile d'olive, 8 ; on mêle.

Ce liminent se prescrit contre les ulcères de mauvais caractère.

Poudre arsenicale escharotique de Justamond. — Acide arsénieux, 1 ; sulfure d'antimoine pulvérisé, 16 ; on mêle, et on fait fondre dans un creuset. On pulvérise la masse fondue ; et on ajoute extrait d'opium, 5. Cette poudre est employée à l'extérieur pour saupoudrer les excroissances, les ulcères fongueux et rebelles.

Poudre arsenicale de Cazenave, — Acide arsénieux pulvérisé, 0 gr, 50 ; sulfure rouge de mercure, 0 gr. 25 ; poudre de charbon animal, 0 g. 50. On mêle avec soin. On délaye une petite quantité de cette poudre sur un corps solide, et à l'aide d'une spatule on étend cette pâte liquide sur une surface dénudée qui ne dépasse pas en étendue celle d'une pièce d'un franc.

Caustique de Plunkett. — Acide arsénieux, 4 ; fleur de soufre, 30 ; asa-fetida, 30 : renoncule âcre, 30. On fait une pâte avec du blanc d'œuf (remède anglais). L'acide arsénieux est considéré aussi comme un excellent caustique dentaire.

Les caustiques acides de nature végétale possèdent, comme nous l'avons dit, une moins grande énergie que les caustiques acides de nature minérale.

Les acides acétique et phénique sont à peu près les seuls employés.

Nous dirons quelques mots sur un caustique employé par M. Landolfi, médecin napolitain que le docteur Van Brunn a vu *guérir* par ce moyen dans le court espace de deux mois, *une centaine* de cancers.

Le docteur Von Brunn a publié sur ce sujet une brochure dont M. Ossieur (1) va nous rendre compte.

Le caustique employé par M. Landolfi depuis plusieurs années est composé de parties égales de chlorure de brome, de zinc, d'or et d'antimoine. Voici comment on l'emploie : Le caustique qui se présente sous la forme liquide, est ajouté peu à peu, à l'air libre, afin d'éviter le danger qui résulterait du dégagement des vapeurs âcres, à de la farine en quantité suffisante pour en faire une pâte molle ; celle-ci est déposée sur de la toile et placée sur la tumeur cancéreuse de manière à la recouvrir exactement.

On laisse le caustique en place jusqu'à ce qu'il se détache en même temps que la tumeur, ce qui a lieu d'ordinaire après dix à quinze jours, quelquefois un peu plus longtemps, quand le volume de la tumeur est considérable.

1. Malgaigne. Traitement du cancer par le caustique Landolfi (*In revue médico-chirurg.* p. 139).

Si ce cataplasme caustique dont une couche d'une ligne d'épaisseur agit sur les tissus à un demi-pouce de profondeur, vient à se déranger ou à tomber pour une cause quelconque, on le remplace immédiatement.

Voici de quels phénomènes est suivie l'application de ce caustique :

1° Sensation de chaleur, puis douleurs vives dominant après sept à neuf heures et disparaissent graduellement, à mesure que les tissus malades sont pris de mortification. Afin de diminuer les souffrances que cause le caustique, Landolfi applique, *loco dolenti*, des plumasseaux de charpie enduits d'*unguentum simplex*, avec addition d'un graine de nitre par once. Des bandelettes agglutinatives recouvrent ces plumasseaux. Quelquefois il a prescrit avec grand avantage, et à titre de calmant, des fomentations avec de la laitue fraîche (*lactuca savita*) ;

2° Après le premier jour, la peau commence à rougir sur les limites du mal ;

3° Quelques jours après, la ligne de démarcation entre les parties saines et les tissus cancéreux gagne en profondeur jusqu'à la racine du mal ; la tumeur s'énucléant en quelque sorte, peut être facilement enlevée au moyen de pinces, quelle que se soit sa forme.

Pendant toute la durée du traitement, le malade suit son régime habituel ; seulement il évitera les boissons excitantes.

Quant aux soins consécutifs, Landolfi recommande de continuer les fomentations de laitue, au cas où des douleurs persisteraient. Puis il applique sur la plaie des plumasseaux d'onguent de térébenthine, auquel est ajoutée une

petite quantité de camphre et de bois de santal dans les
les proportions suivantes :

R. Thérébenth. . . . .   6 gram.
　 Ol. Olivarum   30
　 Cerœ flavœ.   24
　 Spermaceti.   6
　 Pulv. pterocarp santal.   2

*Mine et leni colore in vase vitreo semper agitando lente liquœ-
facta refrigerataque dentu ad ollam.*

Quand la suppuration commence à se faire, la plaie,
réduite à l'état de plaie simple, devant guérir par seconde
intention, sera pansée avec de l'*unguentum basilicum*, un
décocté de quinquina ou tout autre topique suivant le cas.

Si l'on s'aperçoit que quelques parties de la tumeur ont
échappé à l'action du caustique, on les recouvre de celui-ci
en agissant comme ci-dessus.

Landolfi pense que, pour hâter et assurer la guérison, il
convient, surtout dans les cas d'affections cancéreuses
constitutionnelles, de recouvrir la cicatrice avec une solution aqueuse de chlorure de brome (gr. x — xx sur lbij).
Il administre aussi dans ce but le chlorure de brome à
l'intérieur, pendant plusieurs mois, d'après la formule
suivante :

R. Chlor. brom . . . . gr. ij
　 Sem. phellandrii . . . . gr. xx
　 Extr. conii. . . . . gr. x
M. f. pil. x æquales.

à prendre de 2 à 4 par jour.

L'amélioration qui survient dans la santé générale par l'emploi de ce traitement, commence d'ordinaire dès la disparition de la douleur ; il n'en résulte d'ailleurs jamais d'inconvénients graves, alors même que la cure est entreprise dans des cas où l'engorgement ganglionnaire, la fièvre hectique et autres symptômes dénotant une affection cancéreuse trop avancée, ne permettent plus d'espérer la guérison. Tous les cancers accessibles au caustique, même ceux de la langue et de l'utérus, sont susceptibles d'être traités par la méthode de Landolfi. Pour ces derniers, il s'applique à l'aide du spéculum.

A Cother, Landolfi a traité un grand nombre de cancers du sein, de la face, des joues, du nez, des lèvres, des lupus. Le résultat paraît avoir été constamment heureux ; jusqu'à présent, il n'existerait, d'après Von Brunn, aucun signe qui indiquerait l'imminence de la récidive.

Von Brunn termine sa brochure par la relation de diverses observations de cancers du nez et du sein traités avec succès par la méthode de Landolfi. L'examen microscopique des tumeurs squirrheuses du sein enlevées a été fait par un micrographe distingué de Berlin, M. Meckel von Hemsbach ; il en résulte que tout doute sur la nature cancéreuse du mal est impossible. Maintenant la pâte de Landolfi a-t-elle une supériorité réelle sur d'autres caustiques ? Les opérations mentionnées dans la brochure de von Brunn ne datent que de quelques mois, et la *Récidive* domine toute la question. Or, déjà pourtant les exemples de récidive sont assez nombreux. Le *Nouveau Journal Medico-chirurgical de Munich* (184, n° 3), cite deux cas entre autres que le médecin italien comptait lui-même parmi les

,meilleures preuves de l'excellence de sa méthode, et qui ont récidivé après plusieurs semaines de guérison apparente. Dans le même journal (n° 5), le docteur Rothmund cite également des cancéreux chez lesquels le remède de Landolfi a été employé sans succès. Le docteur Enzmann avait déjà rapporté ailleurs (Sachs, Canst. Zeitung, n° 82, et Schmidt's Jahrb., Bd LXXXII, 396), l'histoire de quatre femmes cancéreuses, dont trois avaient été traitées avec un succès apparent qui se maintint pendant quelque temps.

Malheureusement les choses changèrent bientôt, et quelques semaines après, de ces quatre malades, il ne restait plus en vie que celle qui n'avait pas été soumise au traitement, à cause du degré trop avancé du mal! (*Ann. méd. de la Flandre occident.*).

Nous trouvons dans la thèse de Louis Grobon (1) (Paris 1866) un article sur l'emploi de l'arsenic dans les maladies de la peau.

« Les Arabes, au dire de Harles, employaient déjà l'arsenic contre les maladies de la peau : « *Contra cutis imprimis morbos, lepram, herpetem, ulcera maligna, etc.* », et il cite Rhazès, Mesne qui, bien avant M. Bebgie et M. Noël Guéneau de Mussy, utilisèrent l'arsenic contre les douleurs et les tumeurs aux articulations.

Au commencement de ce siècle, Valentin déclarait qu'en Angleterre et en Amérique on vendait, avant que Fowler eût trouvé sa solution, une solution arsénicale dont « on se servait avec avantage pour les affections cutanées de l'espèce lépreuse. » A ces noms, il faut joindre ceux de Thomas Girdlestone, de Biett, Cazenave, etc.

1. Grobon Louis. Thèse de Paris, 1866.

Cazenave enseigne que l'arsenic convient dans les affections squameuses de la peau. « Au bout de quelques jours on observe un surcroît d'activité dans l'éruption ; les plaques deviennent chaudes, animées ; le centre se guérit, les bords se brisent, s'affaissent peu à peu, et souvent au bout de deux mois, quelquefois avant, on voit disparaître une maladie grave, invétérée, qui existait depuis plusieurs années. »

Il cite encore d'autres maladies de la peau telles que le psoriasis où l'arsenic a produit d'excellents effets, mais il faut remarquer qu'à la suite d'une absorption trop prolongée d'arsenic on peut observer des accidents du côté des organes génitaux, paralysie des organes de la génération.

Il relate trois observations de M. Raoul Leroy-d'Étiolles, publiées en 1857.

La première observation relate un empoisonnement à la suite d'une application de la pâte arsénicale de frère Côme, le 11 avril 1855, dans laquelle, par erreur, le pharmacien avait mis 30 grammes d'acide arsénieux. Les phénomènes toxiques disparurent au bout de dix jours, mais il restait une paraplégie bien tranchée avec de la faiblesse dans les bras.

Cinq mois après, M. Leroy-d'Étiolles constate les symptômes suivants : « Membre inférieur droit, cuisse gauche d'un blanc mat, un peu œdématiés; peau froide, sensibilité émoussée, sens du toucher affaibli, membre droit dans la demi-flexion, la jambe sur la cuisse, le pied sur la gauche, les orteils sur le pied. »

L'observation II est empruntée à Thilenius ; on voit là, encore, à la suite d'une application de pâte arsénicale, survenir une paraplégie des bras et des jambes, accompagnée de picotement et de secousses douloureuses dans les membres.

L'observation III a été recueillie dans le service de M. Bouvier, le 22 janvier 1850. On y trouve encore notés : la paralysie, des secousses douloureuses, sens du contact aboli ; la malade étant mise à terre, ne sent pas que ses pieds touchent le sol.

Sans nous occuper des accidents provoqués par l'arsenic pris à l'intérieur, car ce n'est pas là l'objet de notre thèse, nous ferons remarquer que les accidents dus à une application de la pâte arsénicale, et que M. Grobon relate dans sa thèse, sont dus plutôt à une application mal faite de cette pâte.

Nous empruntons à Manec son procédé opératoire et nous verrons par des observations à l'appui qu'il n'y pas d'accidents à redouter.

L'arsenic est aujourd'hui l'un des médicaments le plus actifs employés contre les maladies de la peau ; Girdlestone (1), Willan, Pearson, avaient depuis longtemps signalé en Angleterre son action remarquable sur les manifestations cutanées. Biett fit connaître en France les résultats obtenus en Angleterre, et l'usage de l'arsenic en

1. Thomas Girdlestone (*London medical aud. physic, Journal*, *fév.* 1806. — Lolliot (Thèse de Paris, 1868).

Dermatologie se popularisa rapidement, grâce surtout à M. Cazenave. MM. Rayer, Devergie, Hardy, Bazin, reconnaissent unanimement les propriétés thérapeutiques de l'acide arsénieux dans les affections cutanées, et préconisent ce médicament, Gibert est le seul qui ne partage pas la confiance de ses confrères ; il attribue une grande partie la puissance de l'arsenic aux modifications hygiéniques et aux moyens topiques employés concurremment. Il ajoute : « La rareté des succès obtenus par le seul emploi des préparations arsénicales, la fréquence des récidives observées à la suite de ces sortes de cures, doit faire rabattre de l'efficacité attribuée par quelques praticiens à ce prétendu spécifique (1). »

Mais les faits viennent pleinement démentir ces assertions et tous les jours à l'hôpital Saint-Louis on peut constater les merveilleux effets des préparations arsénicales dans le traitement des dermatoses.

M. le professeur Sée, quoique admettant que la maladie guérira plus facilement si elle est d'un genre spécial, comme le psoriasis, par exemple, considère ce médicament comme ayant une action favorable sur les manifestations cutanées, quelle qu'en soit la nature.

On sait que les manifestations cutanées de la syphilis ont été également traitées par l'arsenic, mais quoique ici l'action de ce médicament ne soit pas douteuse, comme le démontrent les recherches faites à l'étranger par Hering et Bunsen surtout, on ne peut lui donner, dans aucun cas, préférence sur le mercure. L'anglais Hunt a fait des expé-

1. Gibert, *Bulletin de thérapeutique*, t. XXXVIII et XXXIX, 1850.

riences comparatives entre les deux médications mercurielle et arsénicale dans la syphilis, et son enquête s'est
terminée à l'avantage du mercure.

Mais si l'arsenic a été employé avec succès à l'intérieur
contre les dermatoses, on s'en est servi aussi avec un
succès non moins grand à l'extérieur contre les tumeurs
cancéreuses et surtout contre les épithéliomas ou cancroïdes
ou cancers de la peau.

Nos recherches nous apprennent en effet, qu'autrefois
on employait beaucoup l'arsenic comme caustique, et ses
propriétés escharotiques étaient surtout utilisées pour la
cautérisation de certaines plaies de mauvaise nature, principalement le cancer.

Les poudres arsénicales les plus connues, employées à
cet effet, sont celles du frère Côme, de Pluncquet, de Rousselot et de Dubois. On les mettait en pâte avec un peu
d'eau, et on les appliquait directement sur la partie que
l'on voulait cautériser.

M. Demarquay (1) dit dans une discussion à la Société
de chirurgie que les caustiques employés intempestivement
peuvent avoir pour les opérés les conséquences les plus dé-
sastreuses. Ce qui importe, dit-il, c'est d'indiquer l'opportunité de leur application, leur efficacité et surtout leur
innocuité, et il cite à ce sujet l'emploi que M. Manec fait
des caustiques. Il en conclut que M. Manec n'a recours
aux caustiques que pour détruire les tumeurs cancéreuses,
en nappe, et ne présentant pas une grande étendue.

1. *Discussion à la Société de chirurgie sur le traitement des
tumeurs par les caustiques. In Bulletin de la Société de chirurgie
de Paris*, 1857, t. VIII, p. 157, 171.

Dans la même discussion, M. Maisonneuve montre la puissance des caustiques maniés d'une certaine façon. Jusqu'à M. Girouard, dit-il, on cautérisait de l'extérieur à l'intérieur ; il en résultait des douleurs atroces, et on n'était pas à l'abri des hémorrhagies. Le nouveau procédé permet de pénétrer d'emblée jusqu'à la base de la tumeur, qui tombe en quelques jours. La douleur dure de cinq à six heures. Le caustique met à l'abri des hémorrhagies ; à la suite de son action il n'y a ni fièvre ni accidents à craindre. M. Maisonneuve en conclut que ce procédé mérite l'attention des chirurgiens et il a voulu le signaler. Il n'a pas encore d'opinion arrêtée, mais il comprend la réaction contre le bistouri, à cause des accidents qu'il occasionne. Avec le caustique, au contraire, on n'a pas d'inquiétudes.

.M. Maisonneuve cite à l'appui, des tumeurs énormes du sein, du cou, de la face, qu'il a enlevées avec le caustique, et il n'a jamais eu d'accidents dépendant de l'opération.

OBSERVATION V

Mme X., femme d'un des médecins les plus distingués des Hôpitaux, portait près de l'angle interne de l'œil droit au-dessous du sac lacrymal, une tumeur du volume d'une petite groseille aplatie s'accroissant peu à peu et gênant par son volume.

Cette tumeur préoccupait beaucoup la malade ; elle était recouverte d'une croûte qui donnait du sang en se détachant. Après examen on reconnut qu'on avait affaire à un épithélioma ou à un cancroïde de la face. Aussitôt l'opération est décidée.

La croûte qui recouvre la tumeur est enlevée avec des pinces, le sang qui coule en très petite quantité est abstergé, et M. Laboulbène ne redoutant pas l'effet exagéré du caustique, en fait une application qui déborde la tumeur. Les effets de cette cautérisation ont été rapides et l'inflammation postérieure considérable. La malade a l'œil et la partie interne du nez enflés, ressemblant à un érysipèle œdémateux.

Mme X. garde la tumeur qui se racornit et s'entoure bientôt d'un rebord de sérosité purulente desséchée pendant près de deux mois. A ce moment la tumeur tombe et laisse à sa place une petite plaie vermeille qui ne tarde pas à se cicatriser. Cette cicatrice est admirable, elle est indépendante des tissus sous-jacents, elle est mobile.

Ni l'œil et le sac lacrymal n'ont subi aucune altération.

M. Laboulbène a revu cette malade et il n'a pas constaté de récidive.

CHAPITRE II

Il est digne de remarquer que les préparations arsénicales ont été pendant de longs siècles plutôt employées à l'extérieur qu'à l'intérieur, il ne faudrait cependant pas en conclure que ce caustique est d'une innocuité absolue ; nous ne saurions, au contraire, trop attirer l'attention sur les dangers que peut entraîner son emploi intempestif.

Hippocrate ne paraît l'avoir employé que pour l'usage externe : il adoptait deux formules principales de topiques arsénicaux : le karikon mou et le karikon sec.

Dans le premier entraient les deux sulfures.

La sandaraque ou sulfure rouge d'arsenic, qui avait alors la préférence, tandis que plus tard et jusqu'à nous, prévalut le sulfure jaune ou orpiment.

L'un et l'autre servaient au traitement des ulcères invétérés de mauvaise nature ou dans d'autres cas à titre de caustiques.

De nos jours la seule préparation dans laquelle entre un sulfure est la mixture cathérétique, de Lanfranc (Lanfranchi de Milan, chirurgien du moyen âge) que ce chirurgien appliquait spécialement au traitement des ulcères de la verge.

Bientôt son emploi fut généralisé dans le traitement des

ulcères syphilitiques par Guy de Chauliac, Ambroise Paré, Thierry de Héry, Van Swieten, Astruc.

Louis de l'ancienne Académie de chirurgie et Ange Nannoni de Florence la recommandèrent contre les ulcères de la bouche, des gencives, du palais et de la langue.

Cullerier la regardait aussi comme le meilleur caustique pour la guérison des chancres du palais et de la bouche (Dict. des Sc. méd. en 60 vol. art Chancres).

Particulièrement réservée aux lésions de nature syphilitiques, chancres, végétations, pustules plates, condylomes, elle peut aussi être utilisée sur des ulcères de toute autre nature fongueux ou indurés, rebelles à la cicatrisation et surtout empreints de *phagédénisme,* accident que ce topique est spécialement jugé apte à prévenir ou à réprimer.

Biett s'est servi comme caustique de l'iodure arsénieux contre les maladies tuberculeuses de la peau, c'est surtout en pommade que ce médicament est employé pour onctions contre la lèpre, l'impétigo ; formule de Thomson, iodure arsénieux 0,10, graisse benzinée 20 gr. Mais c'est surtout à *l'acide arsénieux* qu'il faut en venir pour avoir des effets nets et précis. On l'emploie à des doses très différentes.

Ainsi comme modification des dermatoses, il s'emploie soit en solution, soit en pommade, soit dans un mélange pulvérulent, mais à très petites doses. On peut l'employer comme parasiticide.

M. Tessier (*Revue clinique,* 1850), à l'exemple de Selle (*Médecine clinique,* T. 1), se loue beaucoup de l'application sur le chancre phagédénique de l'acide arsénieux, une partie mêlé et trituré avec 1000 gr. d'amidon. C'est surtout à titre de caustique que l'on y a recours.

Les dartres rongeantes, le lupus, le cancer et les cancroïdes sont les lésions contre lesquelles on a le plus conseillé les caustiques arsénicaux.

On les a employés aussi contre les tumeurs sous-cutanées, les excroissances végétatives, fongosités. Mais aujourd'hui on les a réservés à peu près exclusivement au traitement des cancers superficiels.

Fuchs passe pour s'être servi le premier, en 1594, de l'acide arsénieux contre ces lésions graves de la peau ; après lui de nombreux expérimentateurs en ont constaté l'efficacité, ce sont Rhus, Valentin, Justamard, Simmons, Winslow, Roennow, Girdlestone, Lefebvre de Saint-Ildefont, Everend Home, frère Côme, Rousselot.

De nos jours enfin, Souberbielle, Dubois, Dupuytren et en dernier lieu MM. Manec et Massart, ont accordé une importance toute particulière à ce mode de traitement du cancer.

Observation VI

M. X..., professeur de sciences, habitant le midi, a, depuis longtemps sur la paupière inférieure gauche et sur la peau s'étendant au-dessous de l'orbite, une tumeur transversale de volume d'une amande.

Le malade lié avec toutes les sommités médicales du midi a employé tous les dépuratifs imaginables. Antérieurement, il n'existait qu'un petit bouton rugueux, qui, écorché, pressé avec les doigts, dépouillé d'une petite croûte, s'est sensiblement accru, ulcéré, et a renversé la paupière inférieure en produisant un ectropion.

M. Laboulbène propose au malade l'application du caustique arsénial; mais la famille du malade n'y veut pas consentir. Après quelques mois, la conjonctive étant devenue très rouge avec écoulement muco-purulent, le malade se décide à une opération.

L'état de l'œil était si particulièrement effrayant, que M. Laboulbène regrette que l'application du caustique n'ait pas été faite plus tôt,
et craignant la perforation des tissus et d'endommager l'œil et la co-
que oculaire, montre le malade à M. Manec. Ce dernier, quoique
non rassuré, dit que le malade est perdu si on ne fait rien.

On fait une application timide du caustique. Cette application est
linéaire, transversale et remplit le fond de l'ulcération.

Au bout de quelques jours une sérosité des plus abondantes menace
de faire tomber la pâte et l'amadou ; le malade avec de grandes précautions absterge doucement la sérosité ; enfin le caustique tient.
M. X... laisse la sérosité et la matière purulente former un énorme
bourrelet et ne veut pas malgré nous se décider à laisser tomber ce
gros bourrelet desséché. Celui-ci ne tombe qu'au bout de deux mois ;
et laisse à nu une plaie magnifique presque cicatrisée. Toute induration a disparu, et l'œil est entièrement respecté.

Aujourd'hui on voit une cicatrice linéaire, l'ectropion est bien diminué, et la conjonctivite est très supportable, si on la compare à ce
qu'elle était avant l'opération. Depuis, le malade a été revu par
M. Laboulbène qui n'a pas constaté de récidive. La vision est parfaite.

OBSERVATION VII

Une femme octogénaire habitant le faubourg du Temple, se pré
sente un jour dans le service de M. Manec à la Salpêtrière. Cette
femme portait sur l'aile du nez une tumeur, grosse comme une noisette, ulcérée, à bords très saillants, entourée de petits vaisseaux et du
plus mauvais aspect.

M. Laboulbène qui était alors interne du service, comble le fond
de l'ulcère avec le caustique. Le résultat fut superbe, la tumeur tomba
sans que le cartilage ni le lobule du nez aient été perforés.

Cette femme mourut quelques années après sans avoir eu aucune
récidive.

CHAPITRE III

SYMPTÔMES DE L'EMPOISONNEMENT PAR L'ARSENIC

Il n'est pas inutile, croyons-nous, de donner une courte description de l'empoisonnement par l'arsenic appliqué à l'extérieur et d'en faire le sujet d'un chapitre spécial ; car le praticien aura ainsi toujours présent à la mémoire ce sombre tableau, et pourra s'arrêter dans la voie fatale où il se serait engagé.

L'empoisonnement arsénical externe peut être déterminé, tantôt par des applications répétées et continuées d'une préparation médiocrement active, telle qu'une pommade ou une eau arsénicale, tantôt par une application unique d'un composé très énergique, comme le sont les pâtes et les poudres.

Dans le premier cas, au bout de quelques jours, six ou sept en général, quelquefois un peu plus, des symptômes d'irritation locale se manifestent, de la douleur, du gonflement, une rougeur érysipélateuse de la partie directement atteinte par la préparation empoisonnée. Ces accidents sont promptement suivis de fièvre, de chaleur générale, de soif vive, avec vertiges, cardialgie et faiblesse syncopale.

Des vomissements se déclarent, puis de la difficulté d'uriner sans évacuation alvines. Des troubles nerveux d'apparence grave se joignent à ces différents symptômes, du tremblement, du délire, de l'assoupissement. Il survient parfois une éruption miliaire aux mains et aux pieds ; et si l'on a eu soin de discontinuer l'emploi du composé arsénical, tous ces accidents disparaissent, en général, en six ou huit jours.

Dans le second cas, après un temps variable, ordinairement dix à douze heures après l'application du topique arsénical, des vomissements bilieux précédés de nausées, se répètent avec violence ; ils sont suivis d'évacuations liquides, constamment sanguinolentes, de saignements de nez, de frissons, de fièvre avec sécheresse de la peau, ardeur à la gorge, soif inextinguible, absence totale d'urine. En même temps, des douleurs aiguës se font sentir dans le lieu de l'application qui a été faite. Cet état peut continuer pendant plusieurs jours, les vomissements et les évacuations alvines continuent et redoublent ; la fièvre est de plus en plus intense : cependant les extrémités se refroidissent, la langue se sèche, la douleur épigastrique augmente. Il y a tendance à l'assoupissement et aux défaillances, à l'oppression, et la respiration devient bruyante et agitée. La prostration devient extrème, les yeux sont injectés de sang, la vue trouble, la voix presque éteinte, la parole brève et saccadée ; parfois, au contraire, il y a beaucoup d'agitation, le pouls est plein et bondissant ; des douleurs vives, aiguës traversent les membres : la peau se couvre de pétéchies, le refroidissement envahit tout le corps et la mort arrive du deuxième au sixième ou au huitième jour.

CHAPITRE IV

CAUSTIQUE ARSÉNICAL

Du traitement local du cancer par la pâte du frère Côme.
L'étude de cette classe d'agents thérapeutiques appliqués au traitement des affections cancéreuses semble appartenir seulement à la pathologie chirurgicale.

Il n'en est rien cependant. Est-ce que les tumeurs de cette nature ne sont point l'expression d'une diathèse ? Le praticien doit donc toutes les fois qu'il attaque la maladie localisée, songer qu'il y a une cause qui l'a produite, et employer de préférence les caustiques dont l'action ne s'épuise pas localement. En tête de cette classe d'agents se placent depuis longtemps les préparations arsénicales. Si leur emploi est si restreint, c'est autant à cause du doute sur leur valeur que par l'absence de règles à cet égard. A ce titre nous croyons utile d'enregistrer le passage suivant, dans lequel M. Serres, rapporteur de la commission de l'Institut, tout en légitimant la récompense accordée au laborieux chirurgien de la Salpêtrière, M. Manec, signale quelques données utiles.

« L'emploi des préparations arsénicales pour détruire les altérations cancéreuses n'est pas nouveau dans la pratique ; mais M. le docteur Manec en a suivi les effets immédiats et consécutifs avec beaucoup plus de soin qu'on ne l'avait fait avant lui. La méthode qu'il a employée dans le maniement de la pâte arsénicale du frère Côme lui a permis, d'une part, de faire des applications plus sûres et plus hardies de cet agent puissant, et, d'autre part, d'en obtenir des résultats inespérés dans des cas tellement graves, qu'on aurait pu les regarder comme au-dessus des ressources de l'art.

« Voici en quoi consistent les données nouvelles que ce chirurgien a puisées dans la longue pratipue de ce médicament : en premier lieu, la pâte arsénicale pénètre les altérations cancéreuses par une sorte d'action spéciale qui s'arrête aux limites des tissus malades. Son action n'est pas seulement escharrotique, ainsi qu'on le pensait avant lui ; mais de plus, au-dessous de la couche noirâtre superficielle que le caustique a désorganisée immédiatement, les tissus morbides sous-jacents paraissent frappés de mort, quoiqu'ils conservent en apparence leur texture propre et presque leur aspect ordinaire.

Plus tard, la masse cancéreuse est séparée des tissus sains par une inflammation éliminatrice qui s'établit tout autour de la limite du mal. Il est à remarquer que la pâte arsénicale qui peut étendre son action à plus de 6 centimètres de profondeur dans des cancers d'une texture serrée, lorsqu'elle est appliqué à dose égale sur des ulcères rongeants superficiels, ne détruit le plus souvent que le tissu morbide, quelque mince qu'il soit et respecte en quelque sorte les parties saines.

« En second lieu, l'absorption de l'arsenic est proportionnée à l'étendue de la surface sur laquelle on l'applique. Tant que cette surface ne dépasse pas les dimensions d'une pièce de 2 francs, l'absorption n'est pas suivie de. danger.

Si la tumeur présente une surface beaucoup plus grande on peut encore l'attaquer impunément, en y revenant à plusieurs reprises et en mettant un intervalle convenable entre chaque application.

C'est pour n'avoir pas pris ces précautions, que l'on a vu des malades succomber à l'intoxication arsénicale, par suite d'une application faite sur une surface trop étendue.

En troisième lieu, l'arsenic absorbé se trouve éliminé principalement par les voies urinaires, dans un espace de temps qui ne dure pas moins de cinq jours, ni plus de huit, ainsi que l'ont démontré les nombreuses analyses faites par M. Pelouze. Il suit de là qu'en mettant un intervalle de neuf ou dix jours entre deux applications de la pâte arsénicale, il devient facile d'éviter tout danger provenant de l'absorption de l'arsenic ». C'est dans la démonstration pratique de ces données capitales qui reposent sur plus de 150 cas. que consiste le mérite du travail de M. Manec.

OBSERVATION VIII

M. X..., agent de change, est âgé de 56 ans, il porte depuis longtemps, près de l'angle externe de l'œil gauche, une tumeur étalée, rugueuse, fendillée, saignant au moindre contact, qui après être restée stationnaire pendant assez longtemps, s'est développée considérablement et gênait beaucoup le malade. M. Laboulbène ne conseille pas d'attendre et applique le caustique arsénical couvrant toute la tumeur. Quelque temps après cette application. M. X.. éprouve des douleurs très vives qui le gênent considérablement pour ses occupations. Il est très agité, enfin au bout de seize jours il arrache tout le pansement et il revient voir M. Laboulbène. Ce dernier constate à la place de la tumeur une plaie de laquelle émergent des filaments pareils à ceux d'un jonc qu'on aurait cassé en deux ; il y a ainsi plusieurs touffes de filaments qui sont les prolongements de la tumeur.

Toutes les conditions étaient mauvaises pour laisser espérer un succès, et le peu de durée de l'application du caustique et la présence de ces filaments. Inutile de parler au malade d'une nouvelle opération, il n'y veut pas consentir. Cet homme revient deux mois après et sa tumeur a complètement disparu, il se sert de son œil et les mouvements de sa paupière ne sont plus gênés. Cet homme est entièrement guéri. M. Laboulbène l'a revu plusieurs fois depuis, et il n'a constaté aucune récidive. La cicatrice est petite et mobile.

OBSERVATION IX

M. G..., savant naturaliste, porte sur la région malaire gauche une volumineuse tumeur du volume d'une grosse noix.

Le malade a été soumis à une foule de traitements, même à l'ablation de la tumeur aussi complète que possible au ras des téguments.

La tumeur présente une surface très irrégulière, très facilement saignante ; le tissu environnant est vascularisé et induré ; il y a là, évidemment irradiation du néoplasme, de plus on sent qu'il y a adhérence de téguments sur les os.

Avant d'appliquer le caustique arsénical, M. Laboulbène craignant de perforer l'os, s'adjoint M. Manec qui a déjà vu des cas pareils et qui se prononce pour une application de caustique. On dénude un peu la tumeur, on absterge le sang et quand il a cessé de couler, on applique le caustique. Quelques jours après le malade ressent des douleurs assez vives.

Le malade très intelligent, suivait à la loupe devant une glace les progrès de la cautérisation qui ressemblait à des traînées d'angioleucite.

Les médecins sont préoccupés au point de vue de la perforation de l'os si le périoste a été envahi, mais les éléments néoplasiques seuls ont été touchés ; la tumeur s'est détachée et l'état de la plaie a montré d'une façon manifeste que l'os avait été respecté que par conséquent les prolongements du néoplasme n'avaient pas envahi le tissu osseux. La guérison a été complète. La cicatrice était peu considérable. M. G... est mort douze ans après d'une hémorrhagie cérébrale, pendant ces douze années, il n'y avait eu aucune récidive.

OBSERVATION X

Mme. X. est entrée il y a deux ans à l'hôpital de la Charité dans la salle Sainte-Marthe au n° 13, pour une hémiplégie par hémorrhagie cérébrale. La malade traitée et allant bien, M. Laboulbène fut frappé par une tumeur grosse comme une noix et que cette femme portait au-dessus de l'aile du nez du côté droit. Cette tumeur était irrégulière et non ulcérée.

Au-dessus près du grand angle de l'œil on voyait une autre tumeur beaucoup plus petite, grosse comme un petit grain de groseille.

M. Brocq, interne du service, proposa à M. Laboulbène des applications extérieures de chlorate de potasse qui furent faites pendant plusieurs mois sans résultat.

Alors, M. Laboulbène nous montre les effets du caustique arsénical ; après avoir avivé la plaie avec de l'ammoniaque concentré, il fait une application de caustique, mais qui ne dépassait pas les limites de la tumeur.

Une rougeur assez vive se produisit après très peu de temps ; cette rougeur faisait même craindre un érysipèle. Mais bientôt tout se calme, le travail éliminateur poursuit sa marche, et après quatre ou cinq semaines la malade était si bien débarrassée que ses parents eux-mêmes avaient quelque peine à la reconnaître.

La vision qui était gênée avant l'opération est maintenant débarrassée de toute entrave, le champ visuel est plus étendu.

La tumeur supérieure, sur laquelle il n'y a pas eu d'application, a manifestement diminué, à notre surprise.

Aujourd'hui la malade est à la Salpêtrière.

Les caustiques arsénicaux ont été rangés par **M.** **Mialhe** parmi les caustiques fluidifiants. Leur eschare, en effet, est molle et pultacée ; mais ils diffèrent des autres substances appartenant à cette classe, et de tous les caustiques potentiels en général, en ce que leur action ne peut s'exercer que sur des tissus vivants, et ne se produit jamais sur le cadavre. Ce fait, qui aurait frappé tous les observateurs, n'a pas jusqu'ici reçu d'explication satisfaisante. On peut bien dire que l'arsenic agit en arrêtant les actes vitaux (Gubler) et en détruisant le principe vital des éléments anatomiques ; mais on ne fait par là qu'exprimer, sous une autre forme, le phénomène dont on cherche l'interprétation.

Pour **M.** Gubler (commentaire du codex, p. 378), la mortification produite par l'arsenic n'est pas le fait d'une simple action chimique comparable à celle des autres agents caustiques : « L'arsenic après avoir imprégné les éléments histologiques, respecte leur structure, mais s'oppose à l'échange des matériaux qui constituent l'essence de la nutrition, et provoque consécutivement l'inflammation ulcérative qui doit séparer le vif de la partie mortifiée. Cette substance n'agit pas sur le cadavre.

Pour que ses effets demeurent sensibles, il faut la réaction des organes vivants. »

L'action prétendue intelligente de l'arsenic, qui respecterait les tissus sains pour n'atteindre que les tissus pathologiques, s'explique pour le même auteur par cette considération que, « l'arsenic agissant en arrêtant les actes vitaux, ses effets escharotiques seront d'autant plus prononcés que la vitalité sera moindre dans les parties exposées à sa puissance... C'est ainsi qu'il poursuit au loin les subdivisions d'une masse cancéreuse en respectant les cloisons de l'organe primitif, dans les interstices duquel cette production morbide s'est développée... Dans une masse de cellules naturellement caduques, telles que celles de l'encéphaloïde, l'arsenic anéantit subitement les actes vitaux, tandis que dans un tissu abondamment pourvu de capillaires sanguins, le caustique, rapidement emporté par la circulation, n'a pas le temps de s'accumuler en quantité suffisante, pour frapper de mort les éléments histologiques qui, d'ailleurs, mieux nourris, résistent davantage à la destruction. »

CHAPITRE V

CONCLUSION.

On vient de voir par tout ce qui précède que le caustique arsénical a été tour à tour en honneur et ensuite aban-
donné. Cet abandon, disent les anciens auteurs, était dû aux
insuccès et aux accidents qui suivaient l'application de ce
caustique. Voici, suivant M. le Professeur Laboulbène,
dans quels cas on doit appliquer ce caustique et comment
on doit l'appliquer.

C'est principalement dans les tumeurs épithéliales des
téguments de la face que M. Manec et M. Laboulbène, son
élève, ont expérimenté ce caustique. Après avoir gratté la
tumeur et s'être rendu compte par le microscope de la
nature cancéreuse de ses éléments, et avoir constaté que
les ganglions voisins ne sont pas pris, M. Manec et M. Laboulbène délayent la poudre suivante :

Acide arsénieux . .	2	parties
Sulfure de mercure.	6	—
Eponge calcinée. .	12	—

dans de l'eau et ils en font une pâte d'une consistance
demi-molle.

Après avoir avivé la surface de la tumeur avec un peu
d'ammoniaque de façon à être bien sûr d'agir sur une surface dépouillée et bien à vif, M. le professeur Laboulbène

recommande d'appliquer sur la tumeur, quel que soit son volume, un petit gâteau de la pâte mentionnée plus haut. Ce petit gâteau a un diamétre qui peut varier de celui d'une pièce de 0,50 centimes à celui d'une pièce d'un franc. Aussitôt après on le recouvre d'un petit godet fait avec un morceau d'amadou qui est aminci soigneusement et façonné pour cet usage. A la rigueur pendant les deux ou trois premiers jours, nous avons vu notre maître pour maintenir le pansement, appliquer par dessus une bande de diachylon. Au bout de trois jours on peut enlever cette bande, l'amadou fait corps avec la pâte, et la pâte elle-même est intimement unie à la tumeur, à la manière d'un verre de montre serré par la monture. A partir de ce mo-ment il n'y a plus qu'à attendre. Le plus hahituellement le malade se plaint le lendemain de quelques douleurs sourdes, mais qui ne sont pas assez fortes pour troubler sa tranquillité et son sommeil ; les jours suivants les douleurs augmentent et la sérosité s'accumule et se dessèche autour de l'amadou recouvrant le caustique au bout d'un temps variable. On constate un commencement de décollement de la tumeur, c'est par sa base que ce décollement s'o-père et en allant de la périphérie vers le centre.

Les choses durent ainsi pendant trois ou cinq semaines, on constate pendant ce temps de la suppuration, et on voit que la tumeur se dessèche, diminue de volume et re-vient sur elle-même.

Enfin après un temps qui s'étend depuis quatre à six se-maines, rarement plus, la tumeur se détache et tombe lais-sant à sa place une petite plaie vermeille qui entre bien vite en voie de cicatrisation. La cicatrice qui succède à cette plaie est ordinairement très petite, et quelquefois même à peine perceptible.

L'avantage de cette pâte arsénicale, dit M. le professeur Laboulbène, est considérable, car son action est véritablement élective, elle ne s'exerce que sur les tissus malades, elle respecte les tissus sains. On pourrait même dire qu'elle est la pierre de touche de l'épithélioma des téguments, dont elle poursuit les ramifications d'une manière remarquable.

TABLE DES MATIÈRES

Imprimerie A. Derenne, Mayenne. — Paris, boulevard Saint-Michel, 52.